这本书属于

U0335315

拓展孩子眼界和头脑的亲子旅行
好奇宝宝和博学爸爸

太空飞行

[俄]伊莲娜·卡丘尔　著　　　　胡一钗　译

长江出版传媒　｜　长江少年儿童出版社

内容介绍

　　火箭是如何发射的？你听说过"火箭列车"吗？人造地球卫星又是如何被送入轨道的？人类有可能在另一个星球居住吗？

　　这一次，好奇宝宝和博学爸爸一起搭乘时光机，见证了人类第一次进入太空的全过程。你还将和好奇宝宝一起去往航天发射场、国际空间站，还会登上月球，并参与一项最新的火星实验！这场激动人心的太空之旅，你准备好了吗？

目录

来认识一下吧！

　　朋友们，你们好！我叫切沃奇卡。我最喜欢待的地方就是爸爸藏书室的书架。请不要觉得奇怪，我个子很小，爸爸的书架底层又高又宽敞，所以我待在那儿可舒服啦。我有一头红棕色的头发，性格开朗。我最喜欢学习新的东西，所以总是向爸爸提出各种各样的问题。无论我问什么，爸爸都知道，并且会跟我讲解。他是个很聪明的人，读过很多各种各样的书。我们有很多装备，比如，我的背包里总是放着"飞毛腿"，它长得像普通的滚轴溜冰鞋，有了它，我可以轻松快速地进行短途旅行。如果我们需要跨越时空，就会用上爸爸发明的时光机，只要在时光机里输入想去的时间和地点，数1、2——立刻就到了！今天，我们也可能会去某个地方旅行呢！

旅程开始

"爸爸，爸爸！快过来看呀！"

"怎么了，切沃奇卡？"

"我在数星星，然后看到有一颗星星在移动！就在那里！"

"好的，切沃奇卡，让我们用望远镜好好看看这颗星星吧。"

"爸爸，你看到了什么？星星为什么会移动呢？"

"那是因为这根本不是颗星星，而是MKC。"

"MKC？那是什么？让我猜一猜！是微型圆球形自动车！"

国际空间站
（俄语缩写 MKC）

"不是的，切沃奇卡，MKC的意思是'国际空间站'。就这样看，它似乎只是一个小圆点儿。实际上，国际空间站的形状可一点也不像圆形的星星。你用望远镜看看。"

"哎呀，原来是一艘真正的宇宙飞船呀！真是太奇妙了，就像是从太空冒险电影里跑出来的一样！"

"国际空间站就是人类的太空家园，人们可以在里面生活和工作长达数月。"

"那，人们在那儿会做什么呢？我需要学习什么科学知识才能飞到那里去呢？"

"哈哈，我会跟你好好讲讲这里面的故事。我会告诉你，人类是如何克服地球引力，又是怎样设计和建造空间站的。我想，我们可以开始一段新的旅程了。"

"太好了！我们要去太空了吗？"

"我们的旅程先从俄罗斯的一个小镇开始吧。来，让我们开动时光机，去往20世纪初的俄罗斯卡卢加市。"

申请成为俄罗斯宇航员的必备条件

1.年龄35岁以下。

2.拥有专业背景。
（理工、医学、空军飞行专业优先）

3.身高不高于190厘米。

4.体重不大于90千克。

5.精通俄语、英语。

6.心理状态健康。

7.身体素质良好。

8.附加条件：

会跳伞；

对航天史、地理、物理、数学、弹道学有全方位的了解；

在校期间成绩优良；

拥有野外生存技能；

熟悉实用医学；

掌握其他对在太空生活工作有帮助的技能。

宇宙学的天才

关于宇宙的梦想

　　"我们正走在一条安静的小路上，周围都是木头做的房子。这里的树木闻起来，是丁香和樱桃吧……看，那边有很多人，他们走到一栋房子前面。一位老爷爷打开了门，他戴着眼镜，长着一把白胡子，手里拿着一根管子。看起来会有趣事发生！"

　　"这些中学生是来看望他们最喜欢的物理和数学老师的。这位老爷爷的名字叫康斯坦丁·爱德华多维奇·齐奥尔科夫斯基。他家里有一个真正的实验室：机器制造出电闪雷鸣，钟声叮当作响，指示灯一闪一闪，齿轮飞快转动。在空

5

闲的时候，齐奥尔科夫斯基会向学生们演示他的实验。"

"爸爸，我们去跟上他们吧！他们上二楼去了。"

"我们进入的是科学家的工作室。"

"看，他在表演魔术！纸做的气球向上飞起来了，好棒！"

"它是靠着火产生的热空气升起来的。"

"爸爸，你不是说他是一位著名的科学家吗，原来他只是位老师？"

航天学：一门研究太空飞行的科学。

"老师是很光荣的职业呀，特别是一名像齐奥尔科夫斯基这样的老师。他已经教书几十年了。学生们都喜欢他，因为他能用简单易懂的方式去解释复杂的现象。他在业余时间做研究，不少研究成果奠定了现代航天事业的基础。齐奥尔

6

科夫斯基是第一个肯定太空飞行可能性的人。"

"意思是坐火箭在太空飞行，对吧，爸爸？"

"没错。火箭和喷气发动机全部都是他设计的。"

"它们是什么呢？"

"喷气发动机是一种特殊的发动机，采用喷气推进原理——从喷嘴中喷出的炽热气体提供动力，将火箭推上天空。这听起来很复杂，但如果你做个实验，就知道喷气推进是怎么一回事了。"

"那我要怎么做呢？"

"很简单！你给一个气球吹气后，别扎上口子，放开它。空气向后喷射，气球就会向前移动了。"

喷嘴：喷射流体物质的零件，一般呈管状，出口收窄。

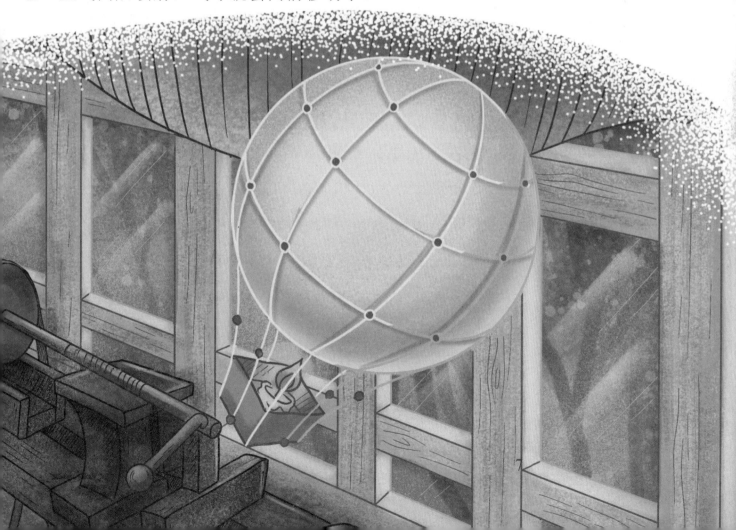

"火箭里面藏着大气球吗？"

"你觉得呢？好好想想，切沃奇卡！燃料燃烧时产生了强大的火焰，推动火箭向上。任何燃料都需要氧气才能燃烧，但太空里不存在氧气。因此，火箭发动机里，不仅要有燃料，还要有……"

"氧气！"

"说得对，切沃奇卡。但燃料和氧气可不能在发射之前就混合，否则混合物在地面上就爆炸了。"

"那这种爆炸的力量要能把火箭送上天，火箭里一定有特别多的燃料。"

"不是一般的多，而是很多很多。燃料带来的能量必须足以让火箭克服地球的引力、大气的阻力，并达到第一宇宙速度。"

"第一宇宙速度是多少呢？"

"火箭必须以不低于2.8万千米/小时（即7.9千米/秒）的速度飞行。如果汽车以这样的速度行驶，我们花34分钟就可以从加里宁格勒（俄罗斯的最西端）到达符拉迪沃斯托克（俄罗斯的最东端）。如果火箭的速度比这慢，它会掉回地球；如果速度比这快，它就会飞得更远。"

"哇，我原来不知道它能飞这么快。太空中也有大气层和空气吗？"

"不，切沃奇卡，外太空是空荡荡的，而且还是真空。齐奥尔科夫斯基也想到了这点。他觉得，如果人们飞入太

地心引力

地心引力是一种由地球产生的，使人类、房屋、山脉、海洋能留在地球上的力。

大气层：地球的气体外壳。

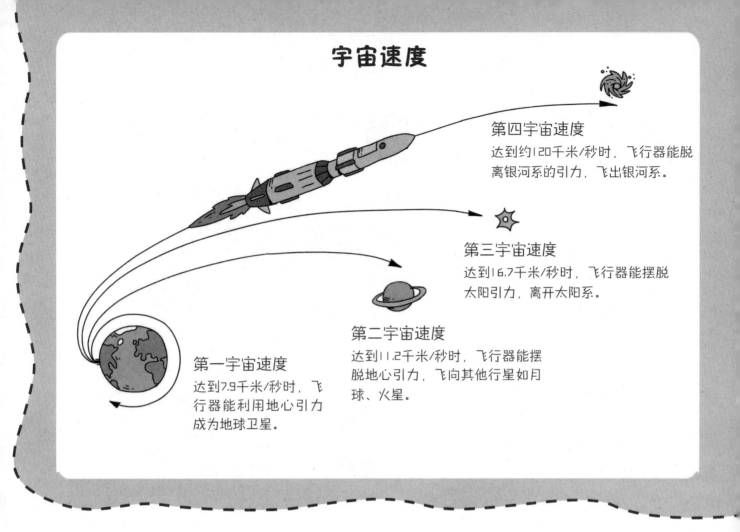

宇宙速度

第四宇宙速度
达到约120千米/秒时，飞行器能脱离银河系的引力，飞出银河系。

第三宇宙速度
达到16.7千米/秒时，飞行器能摆脱太阳引力，离开太阳系。

第二宇宙速度
达到11.2千米/秒时，飞行器能摆脱地心引力，飞向其他行星如月球、火星。

第一宇宙速度
达到7.9千米/秒时，飞行器能利用地心引力成为地球卫星。

空，就需要一个能居住的宇宙家园。"

"但太空里没有空气呀，那会是一个特别的家园吗？"

"当然，还有失重问题。所以，科学家设计了一个能提供人工重力的站点。"

"太神奇了！齐奥尔科夫斯基虽然住在一个连汽车都没几辆的城市，却有着去太空的梦想！"

"这位天才的科学家远远领先于他的时代。他写出了关于星际飞行的文章，提到未来能利用太阳能运行的空间站，还提出了发射人造地球卫星的方法。齐奥尔科夫斯基提出的

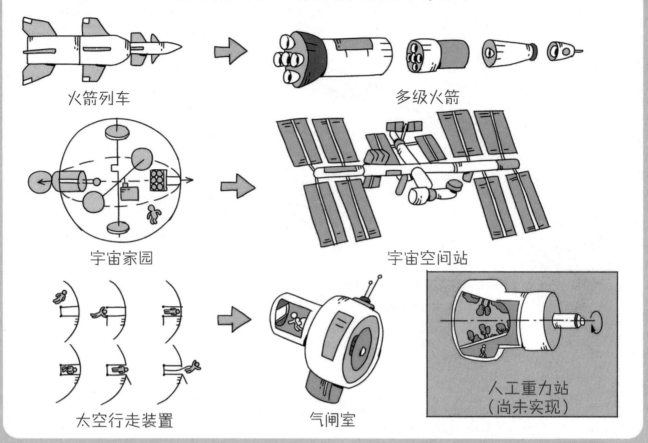

齐奥尔科夫斯基的理论及实践

火箭列车

多级火箭

宇宙家园

宇宙空间站

太空行走装置

气闸室

人工重力站
（尚未实现）

许多设想，今天都得到了成功的实践。"

"爸爸，第一枚飞向太空的火箭也是齐奥尔科夫斯基发明的吗？"

"不，切沃奇卡。它是谢尔盖·巴甫洛维奇·科罗廖夫发明的。航天事业的很多'第一次'，都与这个人的名字联系在一起：第一颗人造地球卫星的发射，人类历史上第一次太空飞行，第一次太空行走，等等。当年，年轻的工程师科罗廖夫读了齐奥尔科夫斯基的作品，被他的想法所吸引，于是决定制造一枚火箭。"

"他成功了吗？"

"是的，但不是一下子成功的。这是一项艰巨的任务。他与一大批科学家、工程师和工人一起奋斗。在第一枚太空火箭成功制造之前，他们花了几十年的时间。"

"爸爸，科罗廖夫是个什么样的人呀？"

"要了解他的故事，我们需要去航天发射场——也就是人们将火箭发射到太空的地方。我们会在一个非常重要的时刻到达那里，航天发射场正在为一件大事——发射历史上第一颗人造地球卫星，做最后的准备。所以，让我把时光机设置成：1957年10月4日上午；地点：后来的拜科努尔发射场（当时还不叫这个名字）。"

谢尔盖·巴甫洛维奇·科罗廖夫
1907 —1966

小任务

太空飞行的时间到了！请画一枚星际旅行火箭吧，用橡皮泥捏出行星、恒星、彗星和星云。

11

宇宙世纪的开始

人造地球卫星

"哇，风真大呀！有好多建筑……周围很空旷，可以看到地平线。没有住宅，没有树木，只有一望无际的草地。"

"航天发射场建在草原上。整个太空城都建在这里。它分为三个场区：技术综合体、发射综合体和测量综合体。"

"我们国家有很多航天发射场吗？"

"一共有五个：拜科努尔、普列谢茨克、亚斯尼、卡普斯京亚尔和东方。"

"那么，人们在这些地方都干些什么呢？"

"研究关于航天的各种技术，把各个部件组装成火箭，

然后运到发射场区。"

"为什么不把组装好的火箭送到航天发射场？"

"火箭太大了。此外，它的组件是在不同城市的工厂生产的，人们必须将它们从各处运到航天发射场，在这里组装成火箭。火箭发射是一项巨大的工程，花费高昂。正因为如此，在发射之前我们要仔细检查所有东西。"

"如果没发现问题呢？"

"那么就准备往火箭里加注燃料，把航天器固定在上面。"

"爸爸，为什么要这样呢？为什么航天器不能自带发动机和燃料，一定要由火箭送上天呢？"

能源号和暴风雪号的综合发射设施
（尤比莱尼飞行区）

质子号发射综合体

能源号技术综合体

暴风雪号
技术综合体

隼号技术
综合体

测量综合体

质子号技术综合体

机组人员从这里起飞
和降落，踏上归程。

拜科努尔市是这座航天发射场的
行政生活中心。

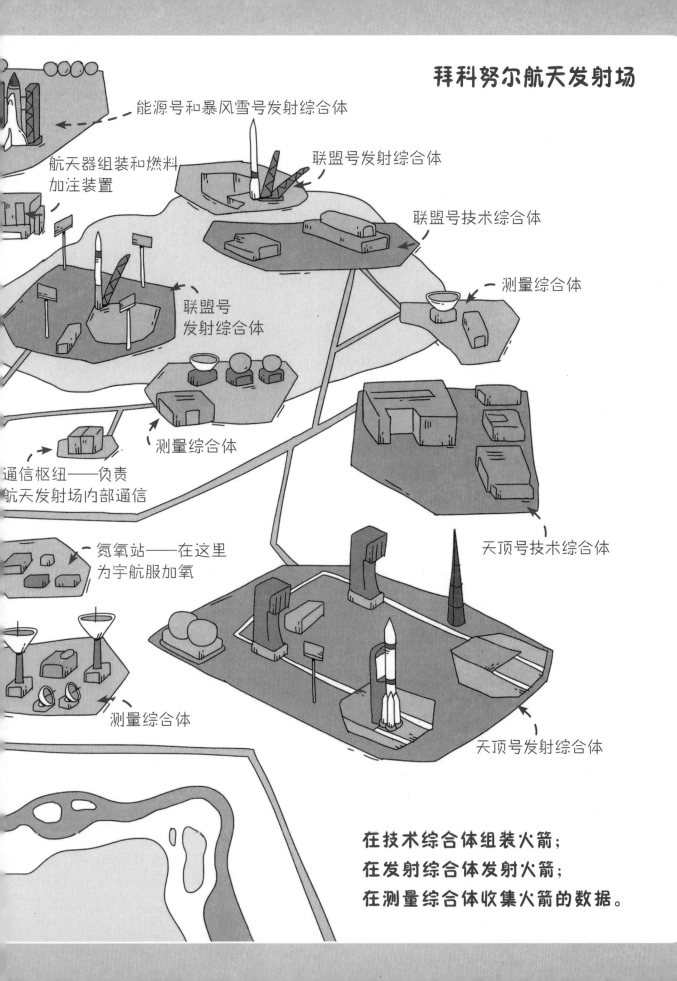

拜科努尔航天发射场

能源号和暴风雪号发射综合体

航天器组装和燃料加注装置

联盟号发射综合体

联盟号技术综合体

测量综合体

联盟号发射综合体

测量综合体

通信枢纽——负责航天发射场内部通信

天顶号技术综合体

氮氧站——在这里为宇航服加氧

测量综合体

天顶号发射综合体

在技术综合体组装火箭；
在发射综合体发射火箭；
在测量综合体收集火箭的数据。

航天器是指人造地球卫星、空间站、宇宙飞船、深空探测器等，可以在太空中执行各种任务。

火箭级：多级火箭中的每一个单级火箭。

"航天器要克服地球引力，进入太空，需要非常多的燃料。"

"要多少？"

"比航天器本身还大十倍的燃料箱。"

"哇！来想象一下，一个小小的宇宙飞船和一个大大的燃料箱！当燃料耗尽时，航天器还得在太空中带着一个巨大的空油箱。"

"是的，何必要背着一个多余的负担呢？齐奥尔科夫斯基想到了一个简单的解决方案，今天仍在使用。他提出，使用火箭列车吧！"

"火箭列车？那要怎么去太空？我们没法把铁轨铺上天哪！"

"那是另外一个意思。在齐奥尔科夫斯基的设想里，火箭列车是由装有燃料的车厢组成的，每节车厢的燃料用完后，就会脱离。设计师们把这个想法付诸现实了，把燃料分成几个部分，分别装进独立的燃料箱里，每个燃料箱都有自己的发动机。"

"是一个由多个部分组成的火箭吗？"

"换个说法，设计师们管它叫多级火箭。当人们发射多级火箭时，一级发动机就最先开始工作。"

"里面的燃料也燃烧起来了，是吗，爸爸？"

"对，切沃奇卡！一旦第一级耗尽了所有的燃料，它就自动分离了。"

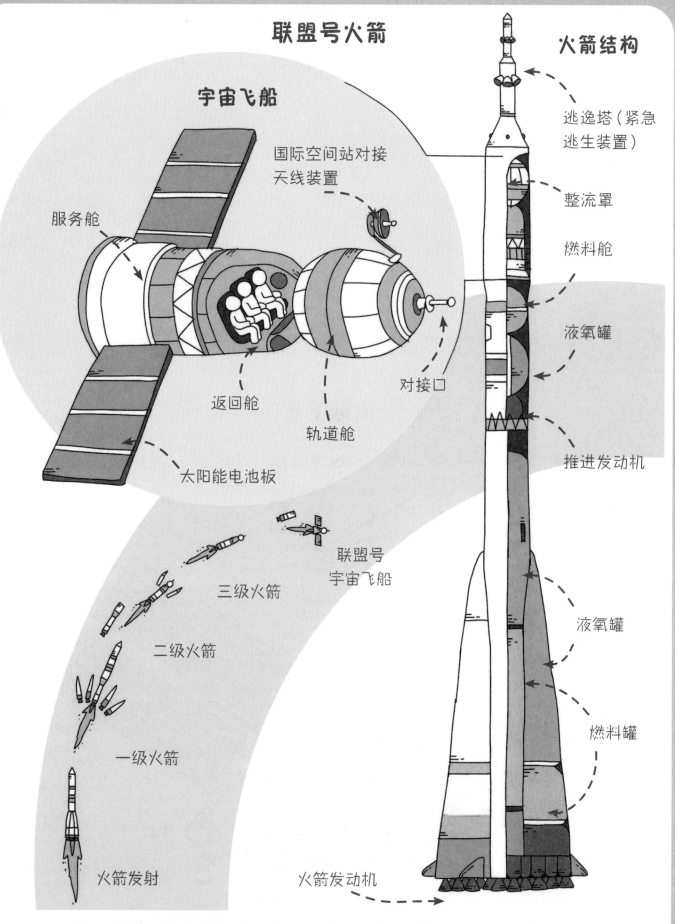

联盟号火箭

宇宙飞船

服务舱

国际空间站对接
天线装置

返回舱

轨道舱

对接口

太阳能电池板

联盟号
宇宙飞船

三级火箭

二级火箭

一级火箭

火箭发射

火箭结构

逃逸塔（紧急
逃生装置）

整流罩

燃料舱

液氧罐

推进发动机

液氧罐

燃料罐

火箭发动机

注：联盟号运载火箭系列是世界上历史最悠久、发射次数最多的运载火箭。

"今天的火箭是二级火箭。火箭还可以有三级火箭和四级火箭。每一级火箭轮流运作，然后脱离。之后，航天器在不携带空燃料箱的情况下继续飞行。"

"爸爸，空的燃料箱，也就是燃烧过的火箭级最后会怎么样呢？它们会掉到地上吗？如果直接落在我的头上怎么办？"

"别担心，切沃奇卡，一切都将平安无事。第一级火箭

人造地球卫星

卫星I号（斯普特尼克I号）能向地球传送最简单的无线电信号。

质量：约84千克

使用寿命：3个月

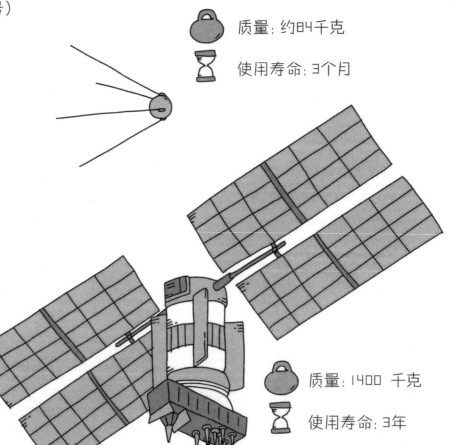

格洛纳斯（GLONASS）是由苏联开发，俄罗斯继续建设的全球卫星导航系统。目前全球卫星导航系统还有美国的GPS，欧洲的"伽利略"和中国的"北斗"。

质量：1400 千克

使用寿命：3年

的残骸将会落在一个没有城镇或村庄的隔离区，第二级在大气层里便会燃烧殆尽。"

"可不可以直接制造可以重复使用的火箭，不用每次都制造新的火箭级？"

"科学家们早就想过制造可重复使用的火箭，能完整地返回地球。这样的火箭已经发明出来了！它们有引擎甚至机翼！第一级火箭分离后，便展开机翼，启动发动机，飞回地面。它要么降落在海上的驳船上，要么回到航天发射场。通过这样的技术，同一枚火箭可以多次发射到太空。"

"太好了，爸爸！现在我知道火箭是如何工作的了，我真想看看它长什么样子呀。"

"为了这个，我们必须去航天发射场的下一个重要部分——发射场。在发射场，发射第一颗人造地球卫星最后的准备工作正在进行。"

"爸爸，我很好奇它是什么样的。"

"第一颗人造地球卫星是一个银色的球体。它是由轻质耐用的金属铝合金制成的，它直径略大于半米，重约84千克。"

"卫星里面有什么呢？"

"是一些技术设备：电源、恒温系统和两个能发出无线电信号的设备。"

"它会把无线电发给谁呢？"

"发回地球。为此它还配有4条天线。"

"爸爸，我们来到发射场了。"

"看，切沃奇卡，一枚名为'卫星号'的火箭高高耸立在我们眼前。"

"取这个名字是因为它要把第一颗人造卫星送入太空吗？"

"没错。"

"真高，有十层楼的房子那么高！它周围有些巨大的铁家伙，长得跟起重机一样。"

"这些都是特殊的支柱——火箭发射架。火箭不是直接站在地上，而是挂在架子上面。这样做是为了在发射过程中不损坏火箭的底部。"

"爸爸，这枚火箭多漂亮啊！银白色的，多么挺拔，多么有气势！"

"注意它的构造。最下面是第一级火箭，四周是它的助推器。"

"二级呢？"

"二级火箭在一级火箭上方。"

"爸爸，那准备飞向太空的人造卫星呢？"

"在火箭的最上面。"

"可是那儿没有球体。火箭的'鼻子'是尖的而不是圆的。"

"卫星要有可靠的保护，因此，它藏在一个安全的外壳——整流罩下。"

"如果卫星不藏起来，会怎么样？"

火箭发射架

这是火箭的支撑桁架。

"当火箭以巨大的速度穿过大气层时，会和空气发生摩擦，外壳的温度会升到非常高。别担心，外壳是由一种特殊的耐热材料制成的，能充分保护这颗卫星。"

"那我就放心了。爸爸，卫星很快就要发射进太空了吗？会很顺利吗？"

"再过几个小时就知道了。但我们没必要等这么久。像之前那样，利用时光机。我把它调整为：1957年10月4日深夜。"

"我们来到了一个宽敞的房间。"

"这里是综合测量场区，航天发射场的另一个重要部分。这里有很多仪器，它们能收集与发射系统相关的各项检查报告。现在一切都检查完毕，人们给火箭注入了燃料。"

"准备飞向太空啦！"

"进入最后一分钟倒计时，一切准备就绪，操作员将钥匙转到开始位置。从那一刻起，一切都在自动进行：点火，火箭发动机启动，支撑火箭的支柱松开。控制台上亮起了'开始'的指示灯。这意味着火箭已经发射了。"

"现在没事了，可以休息了！"

"说什么呀，切沃奇卡！基础工作才刚刚开始。每个人都兴奋地看着屏幕和仪表。"

"他们的脸色真严肃！幸好我们进行时空旅行的时候，不会被他们看见，也不会妨碍任何人。"

"是的，我们不能干扰这些人。他们正在等待一个非常重要的信号。所以……看哪！"

"那是什么？"

"那是卫星从太空传来的信号，意味着它已安全进入轨道。"

"大家多高兴啊！我也很高兴！卫星在工作了！它已经在太空了！一切都上轨道了！"

"是的，莫斯科时间1957年10月4日22时28分，这个简单的无线电信号标志了新时代——太空时代到来了！都是因为他们，这一切才成为现实。"

轨 道

轨道是行星环绕恒星，或者卫星环绕行星所运行的路径。

莱卡

"但是爸爸，他们每个人都这么努力，难道仅仅是为了一颗只会绕圈子飞行、发出信号的卫星吗？"

"这颗卫星有许多重要的任务。它的发射，是人类进入未知太空的第一步。科学家们需要证明他们的计算是正确的。"

"那卫星接下来做了什么工作？"

"它出色地完成了各项任务，在轨道上工作了整整3个月。"

"然后呢？"

"它落回地球，进入厚厚的大气层，燃烧掉了。"

"真可怜！爸爸，我们得想办法让航天器安全返回地球才行。"

"没错，不然的话，就不可能完成下一个非常重要的任务了。"

"什么任务呢？"

"把人类送入太空！"

"下一枚火箭上会有人类吗？"

"你太心急啦。科学家们必须先证明生物能安全地待在太空。"

"他们派谁去那里侦察呢？"

"我们的科学家把小狗送去侦察，美国科学家则派出了猴子，还有老鼠、苍蝇、蜘蛛、蜥蜴，甚至鱼。第一个去往地球轨道的，是一只叫莱卡的小狗。"

"我还知道'松鼠'和'射手'，这两只实验犬也曾飞入太空。"

"是的，那是一个真正的航天机组。小狗们绕着地球飞行了17次，安然无恙地回到了地球上。"

"干得好，它们证明了生物可以在太空飞行！"

"现在是关键时刻了。"

"爸爸，你说的是人类第一次飞向太空吗？那我们就赶紧去航天发射场吧，免得错过什么！"

"你说得对。我们的时光机要去往：1961年4月12日清晨，拜科努尔航天发射场。"

小任务

恭喜，你成了一个真正的飞船工程师！现在有这么多不同的卫星，是时候发射你自己的卫星了。先想想你的目的是什么，是要一颗拍摄行星和恒星照片的观测卫星，还是一颗可以监测地球天气情况的气象卫星？也许你会想出一些意想不到的东西。用橡皮泥和其他辅助材料制作一个卫星模型吧！

出发吧！
第一位上太空的人

　　"我们再次来到发射台。那里有一枚火箭，它的体积是发射第一颗卫星的火箭的两倍。"

　　"这是东方号火箭，是三级火箭。第一级和上次我们看到的一样，周围环绕着四枚助推器。第二级火箭上面还有第三级。再上面就是东方号宇宙飞船，外面有一层坚固的外壳。第一位进入太空的宇航员尤里•阿列克谢耶维奇•加加林，将乘坐这艘飞船进行太空飞行。"

　　"一辆客车开进发射场，车上下来了两个穿着鲜橙色工作服的人。"

"其中一位就是加加林。他的同事们围着他，都很关切的样子。科罗廖夫向加加林走过去。对科罗廖夫来说，这一天意义非凡：在他的领导下，为第一位宇航员设计制造的火箭和飞船诞生了。他将在地面指挥发射。"

"他现在一定很担心。"

"在航天发射场，大家都明白一个重要时刻即将到来，他们越来越紧张了。"

"爸爸你看，大家都在向加加林道别。"

"现在，专用电梯会把他送上飞船。两小时后，加加林即将开始飞行。"

"这时候他的朋友们会在哪里呢？"

"在航天发射场的观测站。科罗廖夫会在那里亲自指挥发射，并在发射前和与火箭进入太空时，与加加林进行无线电通话。"

"有意思，他们会谈些什么呢？"

"他们的对话都由无线电记录下来了。我听说加加林在飞行前很高兴也很平静，他甚至唱着他最喜欢的歌。科罗廖夫给了他最后的建议。发射时间快到了，然后科罗廖夫命令：'钥匙启动……点火……发射！'"

"加加林呢？他说了什么？"

"你知道的，他只是说'出发吧'，好像没有什么特别的事情发生一样。"

"真是太棒了！他不慌不忙地踏上了这样一段惊险的旅

程！真勇敢，他是真正的英雄！"

"我完全同意你的说法！"

"爸爸，加加林在太空待了多久？"

"超过一个半小时。他环绕地球一圈，然后安全着陆。为了纪念加加林首次乘坐东方号宇宙飞船，每年4月12日我们都要庆祝宇航员节。"

"我一定会记住这个节日的。我为加加林和所有发明、制造，以及发射这艘飞船的人感到骄傲！"

"我们还有很多值得骄傲的：第一颗人造太阳卫星、第一个到达月球的航天器，还有其他勇敢的宇航员。其中，第一位女宇航员是瓦莲京娜·捷列什科娃；第一个冒险进入太空行走的人是阿列克谢·列昂诺夫。1965年3月18日，列昂诺夫在太空舱外待了十二分钟，这证明，人类有能力在外层空间逗留。这也意味着如果需要的话，我们也可以随时修复航天器的故障。"

"我们也到太空去吧，爸爸！"

"出发吧！让我调整时光机：地球轨道，国际空间站。"

阿列克谢·列昂诺夫
1934 —2019

瓦莲京娜·捷列什科娃
1937 —

小任务

　　并不是每一次宇航员返回地球都那么轻松。比如列昂诺夫和帕维尔·别利亚耶夫，就不得不在白雪覆盖的针叶林里求生。请准备一次紧急着陆的演习：建造一个庇护所，找到食物和水，当心野生动物，等待救援人员！

轨道空间站

太空之家

"爸爸，看，我好像在梦中飞翔！"

"因为我们在国际空间站，切沃奇卡，现在是失重状态。"

"这地方真是太不寻常了！墙壁是圆形的，地板和天花板没有区别！"

"失重条件下，没有上下之分。空间站的任何东西，都可以自由地向任何方向活动。打个比方，如果你把水洒了，它不会流下来，而是会凝聚成一个水球，在整个空间站里飘浮着。"

"爸爸，这儿有好多仪表和按钮呀！我觉得很容易弄混和按错呢。"

国际空间站

穹顶号观测舱

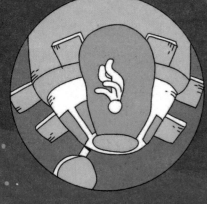

太阳能电池板

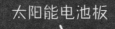

睡眠室
和卫生间

健身室

哥伦布号
实验舱

飞船维护

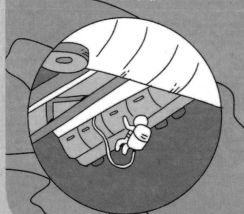

通往太空的
气密过渡舱

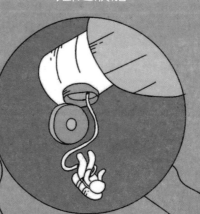

新模块
对接连接舱

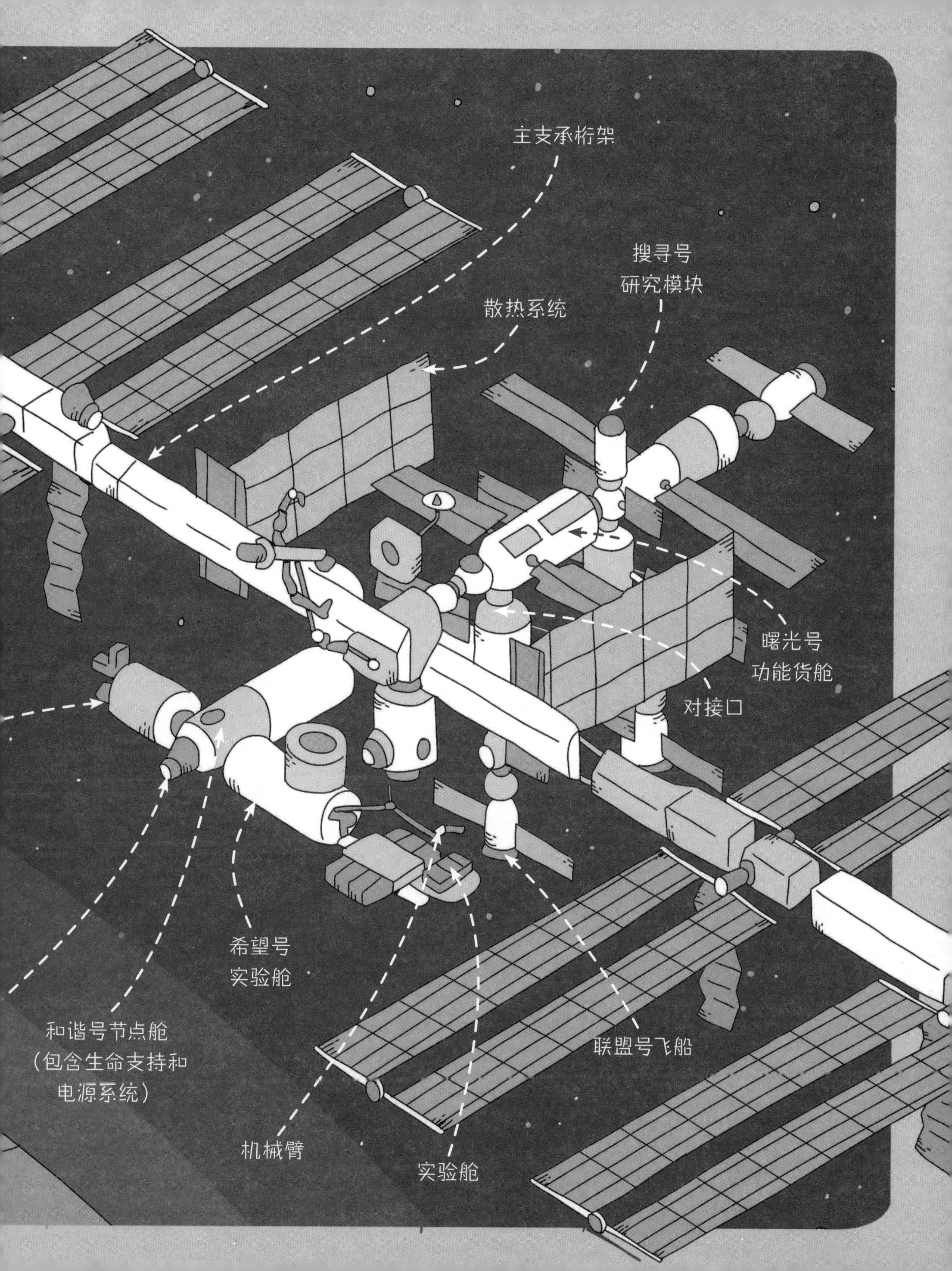

主支承桁架

搜寻号
研究模块

散热系统

曙光号
功能货舱

对接口

希望号
实验舱

和谐号节点舱
（包含生命支持和
电源系统）

机械臂

实验舱

联盟号飞船

"在空间站，可得当心，千万别弄错了。这里需要井井有条的完美秩序。所有的物品都必须在固定的地方。如果你忘了把东西固定好，比如螺丝刀吧，它不会留在那里，而是会在空间站飞来飞去。"

　　"是啊……我得把它绑好。"

　　"没错，不仅仅是工具。宇航员们睡觉时也得固定好睡袋。这会儿我把我的脚固定在栏杆上，这样才不会飘走。"

　　"可我喜欢飞！我可以永远留在失重空间里。"

　　"失重是对人类的严峻考验。没有我们习惯的重力负荷，肌肉很快就会退化，前庭器官也会受到损害。"

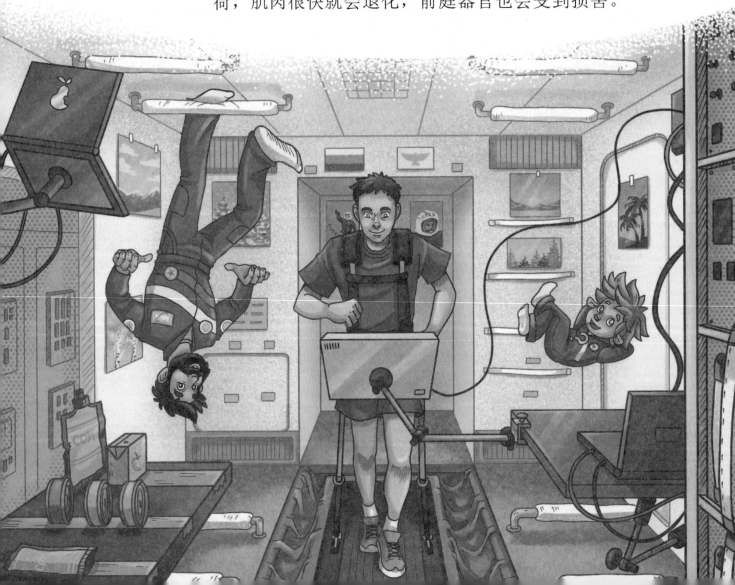

"前庭器官是什么？我身上也有吗？"

"当然有。它有助于保持平衡。有了它你就可以正常走路、跳跃和骑自行车了。你准备放弃骑自行车了吗？"

"哦，这当然不行！"

"这就是为什么宇航员需要坚持定期训练。"

"真是太棒了！即使在太空也需要体育运动！"

"轨道空间站有专门的健身器材来进行锻炼。"

"哇！一切都考虑得很周到。"

"这是一定要考虑的，因为宇航员在轨道上有许多重要而艰巨的工作。"

"需要连续做几天吗？"

"瞧你说的，切沃奇卡！他们要在空间站工作好些年。来自世界各国的宇航员们在国际空间站已经累计工作超过22年了。当然，团队成员是不断变化的。每个航天机组都一定有指挥者。当一个机组人员完成他的工作后，下一位机组人员将接替他。"

"可以这么说，人类在太空有一个可以俯瞰地球的家啦。"

"是的，国际空间站是宇航员真正可靠、舒适、安全的家园，是一个非常必要的发明，让人们可以更方便地探索太空！"

"看，爸爸，这是宇航服！我记得加加林在升空前穿着亮眼的橙色工作服。而这件是白色的，有着红色的条纹。它是由什么组成的呢？"

"它包括工作服、手套、鞋子和密封头盔。"

国际空间站指挥官——机舱的主要负责人，负责空间站的管理，迅速应对突发事件，并指挥机组人员。

宇航服

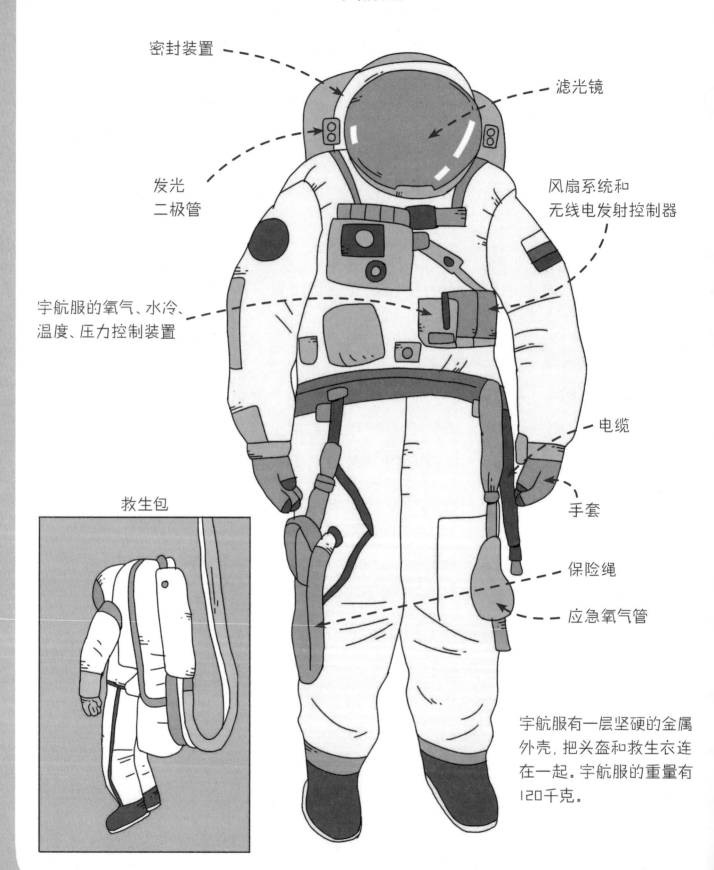

密封装置

滤光镜

发光
二极管

风扇系统和
无线电发射控制器

宇航服的氧气、水冷、
温度、压力控制装置

电缆

救生包

手套

保险绳

应急氧气管

宇航服有一层坚硬的金属
外壳，把头盔和救生衣连
在一起。宇航服的重量有
120千克。

"好吧，头盔就是防护头部的东西。为什么是密封的呢？"

"看，宇航服的各个部位都紧紧地连在一起，没有丝毫缝隙。"

"靴子、手套，还有一个覆盖头部的白色球罩。球罩的前部是透明的，以便宇航员观察外面。这就是密封头盔吗？"

"是的。它牢牢地固定在连体衣服上。宇航服是不透气的，形成了一个密闭的封套。里面的任何空气粒子都不会飞出去，也没有什么东西可以进入宇航服。它还可以保护宇航员免受刺骨的寒冷和难忍的酷热。"

"爸爸，我的宇航服呢？哪扇门可以通往太空？我想在星星之间行走！"

"星星很遥远，切沃奇卡。另外，太空是真空的，你不能打开门就这么出去呀。要这么做的话，飞船里所有的空气都会跑掉的，我们将没法呼吸。这道门，或者叫舱口，并没有直接通向太空，而是通向一个过渡房间——气闸室。当宇航员走到那儿，他身后的舱口就会紧紧关上，然后他才会打开第二个舱口，走出舱外。这个安全离开航天器进入太空的方法，当初也是齐奥尔科夫斯基想出来的。"

"直接进入太空！爸爸，宇航员在那里是怎么呼吸的呢？宇航服里的空气够不够呀？"

"宇航员是通过一根特殊的管子来获得空气的。管子的一头在气闸室里，另一头连接在宇航服上。"

深空探测器

深空探测器是对月球和月球以外的天体和空间进行探索的航天器。

"然后呢？"

"看舷窗外面，切沃奇卡，舱外有几位宇航员！他们轻松地离开了空间站。每位宇航员都只靠两条绳子和空间站连接起来。"

"绳子不会断掉吗？"

"不会，绳子里面包着一根坚固的钢索。宇航员无所畏惧。现在他们向着舷窗移动，准备清洗窗户。"

"擦窗户？在太空中没有比这更有趣的工作了吗？"

"如果不保持空间站的干净，宇航员就不可能住在这里了。因为发动机的运转，舷窗会被尘土覆盖。而在空间站内部，飘扬的尘土会损坏仪器。"

"我从现在开始，也要经常打扫房子，这样以后才比较

软管包装

软管是一种食品包装，类似铝制牙膏管。

好习惯在空间站居住。我们什么时候可以吃午饭呀？"

"我们到桌边去吧，切沃奇卡。准确地说，我们起飞吧！"

"爸爸，那我要怎么喝汤呢？我不能把它盛在盘子里，它会变成一个球，然后飞走。"

"这就是为什么航天食品要用特殊的软管包装存放了。"

"要把食物挤到嘴里吗？好主意！最重要的是，不要弄混了红菜汤和糖煮水果！"

"看，切沃奇卡，宇航员们正准备回家。"

"我们一起去吗？"

"当然了，但不是坐飞船，而是在时光机的帮助下。来吧，

让我们去位于哈萨克斯坦杰兹卡兹甘市附近的6号着陆场。"

　　"我们在田野上，切沃奇卡。你看，前面有一个飞船的返回舱。看到有人朝它跑去吗？他们是回收飞船返回舱的专家。宇航员着陆了！"

　　"人们刚从太空回来！太棒了！欢迎回家！返回舱看起来像一个罐子，带着一个巨大的降落伞。它一定是在降落伞的帮助下落地的！爸爸，在这个罐子里坐着很轻松吧？瞧，人们帮助一个宇航员爬出圆形窗口。"

　　"这个窗口叫作'返回舱舱口'，宇航员通过它出入。

眼前这个胶囊舱可以容纳三个人。"

"那么，我们进去看看吧。这里有扶手椅，宇航员几乎平躺在里面。他们面前有各种各样的仪器。"

"这里没有多余的东西，设计者连细微的地方都考虑到了。飞行和着陆必须保证舒适和安全。"

"爸爸，救援人员怎么知道着陆胶囊舱会落在哪里？"

"这是事先就计算好的。飞船在某个时刻从空间站出发，就能到达预期的地点。救援队将在这个地点提前部署好营地，准备好所有必要的设备。"

"爸爸，如果胶囊舱掉进水里，里面的人会淹死吗？"

"不会，这个胶囊舱会浮在水上。它外面有一个救生圈。"

"跟不会游泳的孩子用的救生圈一样吗？"

"是的，只是更结实更大。"

"看，宇航员们被大家抬了起来，因为他们是英雄！"

"他们当然是英雄。不过，人们抬着宇航员，是因为他们经历失重后很难自己走动和保持平衡。这就是为什么在太空中要重视锻炼了。"

"我想再上一次太空呢！"

"想去哪儿呀？"

"我看了一本书，书上讲的是月亮小不点儿和月亮小树莓！我们飞到那里去吧！"

"我能猜到你读了哪本书，但那是童话故事呀。在真正的月球上，情况就不同了。月球是一个荒凉的石头星球。那里

返回舱座椅

宇航员在返回舱的座位。座椅是为每个宇航员度身订造的。

45

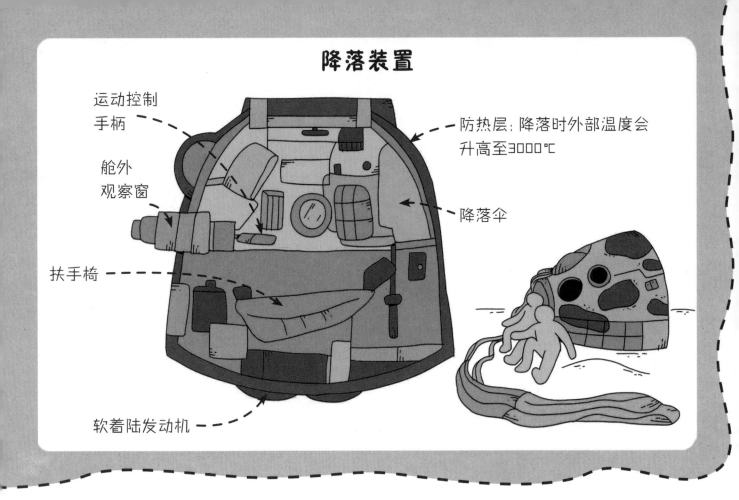

降落装置

运动控制
手柄

舱外
观察窗

扶手椅

软着陆发动机

防热层：降落时外部温度会
升高至3000℃

降落伞

白天气温高达127摄氏度，晚上气温低至零下183摄氏度。"

"爸爸，为什么我们看月球能看得这么清楚？是因为它比其他星球更接近地球？"

"你说得对。月球是我们最近的邻居。正是由于位置很近，所以一直吸引着人们的注意。月球到地球的平均距离为384401千米，如果有飞机可以飞到那儿，需要飞上20天。第一个月球探测器飞行了33.5个小时，也就是两天一夜。"

"明白了。如果要坐飞船的话，去那里要多久呢？"

"差不多要三天。"

"卫星就是这样飞向月球的。那么，动物呢？"

"动物一直是科学家探索太空的助手。第一种到达月球的生物是海龟。"

"爸爸，为什么选择海龟绕着月球飞行？"

"它们只需要很少的氧气，而且几乎不需要营养，它们大部分时间都在睡觉。"

"爸爸，人类登上过月球吗？"

"是的，甚至还在上面走来走去。让我们一起去看看吧！时间是1969年7月20日。"

"去什么地方？哪个城市，哪个国家？"

"去月球！"

"那我就像加加林一样，说'出发吧'！"

小任务

令人难以置信的事情发生了：你来到了外太空！你在上个任务中建造的宇宙之家说不定还在。如果你想和国际空间站的宇航员一样，在宇宙之家里吃点东西，那么，请用搅拌机制作午餐或晚餐。这些食物泥可以倒进没有加水的玻璃杯里，通过管子饮用。当一切都准备好，你可以邀请"太空游客"来拜访你了：他们是妈妈、爸爸或者朋友。快和他们分享你做的原汁原味的太空食物吧。

飞向月球

人类巨大的一步

"爸爸，我们到月球了！我看到一艘神气的宇宙飞船正在降落！"

"这是阿波罗11号宇宙飞船。看，舱门正在打开，探险队指挥官将踏上月球表面。"

"我看到第一位宇航员了！哦，他为什么要走回舱里？他是不是忘带东西了？"

"不，切沃奇卡。这是尼尔·阿姆斯特朗指挥官。在他下来之前，他需要练习回舱后再出来。好的，一切正常！现在他又走下来，说了一句'这是个人迈出的一小步，但却是人

这些太空征服者们，在俄罗斯被称为"宇宙人"，在美国被称为"宇航员"，在中国被称为"太空人"或"航天员"。

49

类迈出的一大步。'巴兹·奥尔德林紧随其后。"

"看，爸爸，他们正在从舷梯上往下搬东西！上面写了什么，我看不懂。"

"这里写着：'公元1969年7月，地球上的人类在此首次踏上月球，我们代表全人类的和平来此。'看，切沃奇卡，他们现在准备插上国旗，然后会采集月球土壤和岩石样本。他们还设置了许多科学仪器，毕竟，这趟太空之旅的目的不仅是要到达月球，还要研究它。他们现在正在安装地震仪。"

"这是什么？为什么要装在月球上？"

"地震仪可以用来确定地震的强度和方向等。"

"不，爸爸，我们在月球上，应该说需要它来确定'月震'的强度和方向。月球上有'月震'吗？"

"有的，不过它比地球上的任何地方都弱，而且发生的次数也较少。"

"宇航员现在在干什么？他为什么要跳起来？"

"奥尔德林在尝试不同的动作。他想知道在月球上可以如何跑动。穿着重型宇航服的宇航员可以跳到半米的高度，因为月球上的引力是地球的六分之一。"

"爸爸，除了我们谁也看不到这一幕，真可惜呀。"

"你错了，切沃奇卡，有数百万人在地球上观看登月呢。"

"这是怎么做到的呀？"

"发射和着陆的过程在全世界许多国家的电视播出，此

外，飞行控制中心也一直在地面观看。"

"是谁在拍摄？有人拿着相机吗？"

"不，切沃奇卡。这是由宇航员自己拍的。"

"他们是唯一两位登陆月球的人吗？在他们之后还有其他人吗？"

"全世界的宇航员一共成功登月6次，共12人。在最开始，宇航员必须在月球上独立行走。但在最近三次任务里，他们可以乘坐月球车奔驰很长一段距离。"

"宇航员怎么飞回来呢？月球上可没有火箭发射场！"

"让我们看看登月舱的结构吧。它由两部分组成：一部分是登陆部分，留在月球上；另一部分是起飞部分，带有进入月球轨道所需的喷气动力系统。月球上的引力是地球上的六分之一，轨道更低，所以较小的发动机也可以令航天器起飞。进入月球轨道后，宇航员所在的登月舱将和之前从地球上出发的飞船会合，进行对接，宇航员会转移到飞船指令舱中，打开引擎，飞入地球轨道。

"也是要飞三天吧？然后呢？"

"然后，指令舱将落在太平洋上，有一艘航空母舰在那里等着他们，因为他们需要被隔离。"

"他们生病了吗？"

隔离期间，宇航员们要避免相互接触，以免疾病传播。

"没有生病，但当时人们担心月球上可能有危险的微生物。当他们确认宇航员没有带来任何传染病后，就解除隔离了。"

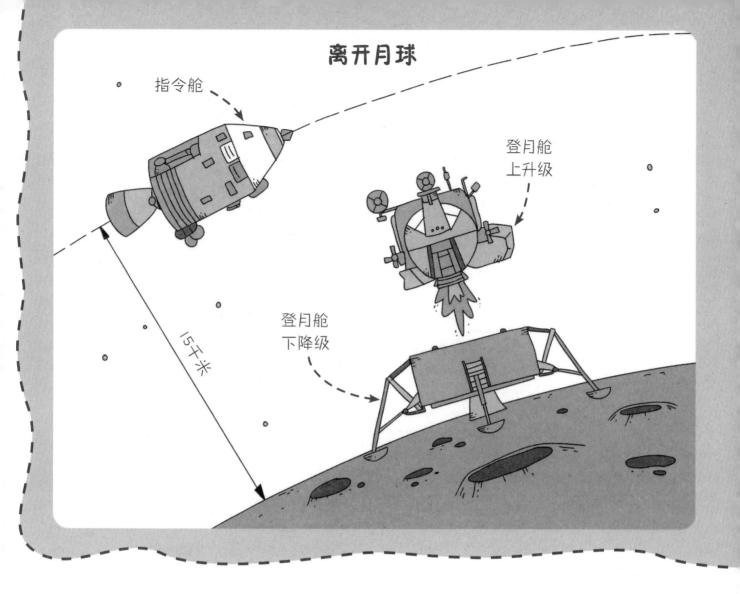

离开月球

指令舱

登月舱
上升级

登月舱
下降级

15千米

"爸爸，月球人是不存在的，但火星人肯定是有的！我们出发吧！"

"他们也不存在呀。"

"爸爸这么肯定吗？"

"是啊。有40多艘飞船被派往火星，目前还没有发现这颗红色星球上有任何居民呢。"

"真可惜呀！"

"但我们发现了水流形成的河道。科学家们推测，在遥

月球探测器

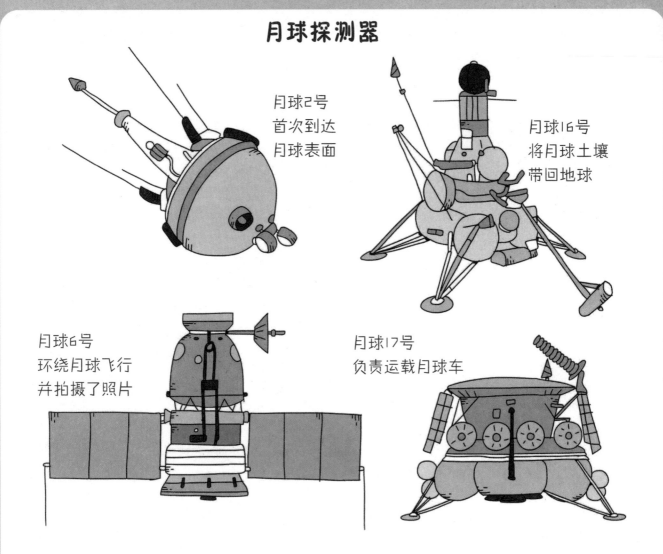

月球2号
首次到达
月球表面

月球16号
将月球土壤
带回地球

月球6号
环绕月球飞行
并拍摄了照片

月球17号
负责运载月球车

注：这些月球探测器是由苏联在1959-1970年间发射的，均完成了重要的探测任务。

远的过去，火星上就像地球那样有水和大气。"

"爸爸，你为什么说'曾经'？现在火星上没有吗？"

"没有了，切沃奇卡。火星表面没有液态水，而且大气太稀薄。当行星失去磁场时，大气几乎都跑到太空去了。"

"那么，现在火星表面是什么样子的呢？"

"你会在NASA实验室看到的。"

"NASA这个词，真奇怪！"

"这是个缩写，全称为'美国国家航空和航天局'。"

"缩写短点儿还是好的。他们在那里做什么？"

"你会知道的，我调整下时光机，接下来去NASA的实验室看看吧。"

小任务

真想去月球呀！在你出发之前，可以在你的家里做一块月球表面：拿一个盒子，比如鞋盒，或者别的容器，用油漆把里面的底部和四周涂成白色。在上面用黏土做一些月球尘埃。别忘了，还要做月海和月面环形山。现在，从你的玩具小人里挑选宇航员，装备成一支太空探险队，然后踏上旅程吧！

登陆火星

我们能在另一个行星居住吗？

"哇，我们已经在NASA的实验室了！这里有很多不同的仪器和电脑。来，我们看看屏幕上是什么吧。"

"你在笑什么？"

"看那辆罐头车！一个，两个，三个……每边有三个轮子，所以一共有六个轮子。轮子不是装在罐子两边，而是安在弯曲的腿上。我知道了，它看起来像只螃蟹！"

"这就是'好奇号'，美国火星车。"

"是因为它在火星上行走才这样取名吧。它可以做什么？"

"探索火星，并将火星表面的照片发回地球。"

"现在我明白监视器上的照片是什么了。火星上的山脉，沙漠……这张照片是最有趣的：火星车在沙漠的背景下做了一个真正的火星自拍！"

"哎呀，切沃奇卡！我从来没有想到这张照片可以这样形容。"

"真的，看起来不太完美，火星车只拍到了一半。取景也一般，那里有一堆红色的石头，前面是一个红色的沙丘。"

"那是纳米布沙丘。在卫星和火星探测器的帮助下，科学家们绘制了火星的精确地图。"

沙 丘

火星上的沙丘与地球沙漠里的沙丘很相似，也是由风吹而堆成的沙堆。

"哇，这张地图真大啊！上面写了好多字。这些点点是什么？"

"奥林匹斯山是火星上最大的火山。它的海拔超过21千米。"

"哇，好高！这里又是什么？"

"这个地区叫奥克夏沼区。"

"爸爸，你在骗我吧？火星上没有水，怎么会有沼泽？"

"火星地图上还有大海呢，虽然也没有水。这就是科学家所说的深坑。"

"爸爸，我看到了，火星车是美国的，到处都是英文，难道我们俄罗斯就不研究火星吗？"

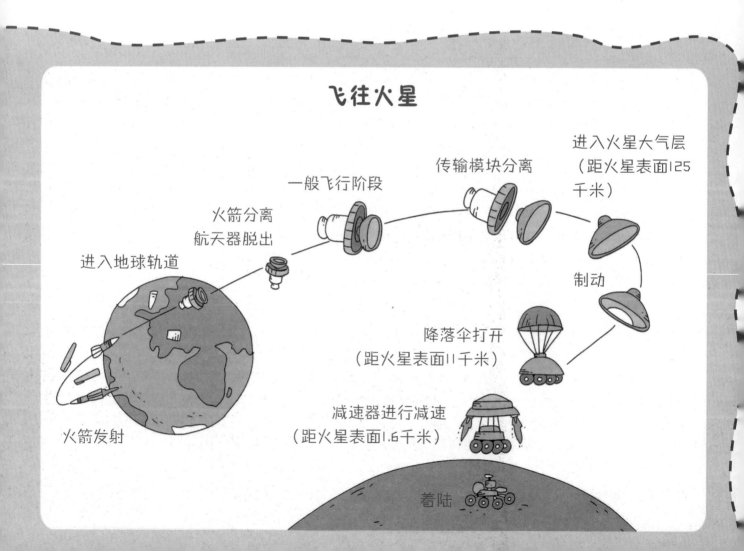

飞往火星

进入火星大气层（距火星表面125千米）

传输模块分离

一般飞行阶段

火箭分离
航天器脱出

进入地球轨道

制动

降落伞打开（距火星表面11千米）

火箭发射

减速器进行减速（距火星表面1.6千米）

着陆

"当然有研究，而且将来会派宇航员去那里！让我们看看吧，我们现在要去2016年3月14日的拜科努尔航天发射场。"

"我们又来到了航天发射场！这里有一枚火箭。"

"它要把一个名为ExoMars的航天器带到火星去。"

"那个词是什么意思呢？"

"就是这个太空任务的名字。俄罗斯和欧洲其他国家都会参与，我们将一起向火星发射两个探测器，寻找生命的痕迹。"

"这次要飞多久呢？"

"会飞很长时间，飞行路线不是直线。火箭需要的燃料太多，所以非常沉重。"

"我知道怎么节约燃料，我们必须让火星帮我们的忙！"

"你说说看。"

"火箭必须先飞到离火星足够近的距离，然后在它的引力作用下继续前进。"

"答对了，切沃奇卡。你知道吗？科学家们也决定利用火星的引力。但正因为如此，飞行要持续很长时间。火箭为了进入火星轨道，还必须多次改变飞行轨迹。"

"然后呢？"

"然后，航天器就分成两部分。第一个部分将留在轨道上，研究大气层并拍摄行星的照片。另一个部分会降落在火星的斯基亚帕雷利撞击坑里，在那里待上几天，并进行科学实验。但它的主要任务是为下一个探测器着陆做准备。"

"那么，留在轨道上的航天器就不带人了？宇航员在着陆火星的那部分上面吗？"

"不，那也是无人驾驶。切沃奇卡，你在做什么？"

"我在数数，爸爸。飞船要到火星要七个月！所以，人们如果要去火星，也要飞很长一段时间吗？他们需要带多少食物和饮料呢？"

"很多很多，还要有供人们呼吸的空气，得至少六个月的。"

"那人类什么时候可以去火星呢？"

"预计要过一两年。"

"爸爸，也就是说，在我们有生之年，我们是可以到达火星的，对吧？让我把时光机调整一下，目标火星！"

"爸爸，我们来到了火星！我在火星上！它和照片里的一模一样，到处是沙子和石头。只是很黑，哎呀，我被宇航

员的手电筒晃得都眼花了。"

"白天的火星，天空是红色的。"

"宇航员要穿上宇航服呼吸吧。"

"宇航服不仅能帮你呼吸，还能抵御火星的寒冷，更重要的是抵御毁灭性的辐射。火星上没有磁场，所以火星表面来自宇宙的辐射量非常高。"

"爸爸，这些宇航员在干什么呢？"

"他们在钻探表面，获取土壤样本。"

"哎呀，有一个宇航员不小心摔倒了！另一个立刻来帮助他。穿着宇航服做这件事并不容易，但他做得很成功，帮助了他的朋友。咦，他们去哪儿了？"

"他们回到火星家园去了。"

"让我们看看！宇航员们的身后，一道圆形的门打开了。"

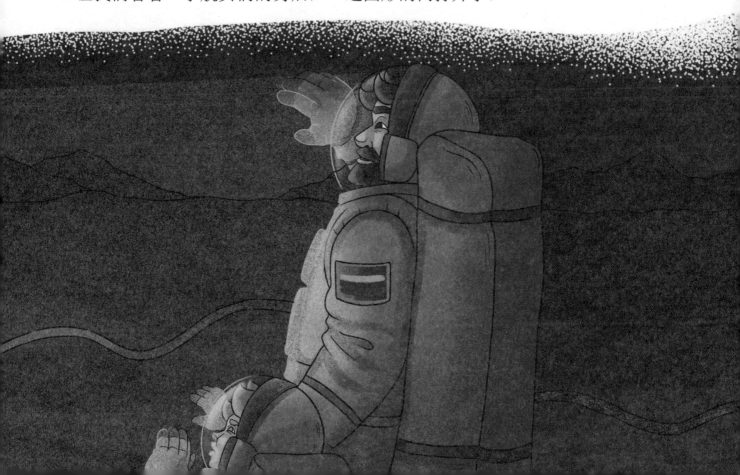

"这道门叫'舱口'。"

"明白了。在门……也就是舱口的后面，有一个长长的圆形房间。我们就像走在一个大管道里面。我知道啦，这是一个过渡隔间，就像在国际空间站里的那样。真有趣啊，你看，这儿通往另一个房间，所有房间看起来都很普通，只有墙壁是圆形的。家具也没什么特别：桌子，带轮子的椅子，电脑。那么接下来呢？快来，爸爸！"

"看来，我们来到了生活舱，是宇航员住的地方。"

"和我们的房间一样普通。一个宇航员坐在桌子旁，他在跟谁聊天呢，聊了一句后就开始读书。有点不礼貌哇。"

"宇航员要是和地球通信，信号传到我们地球大约需要

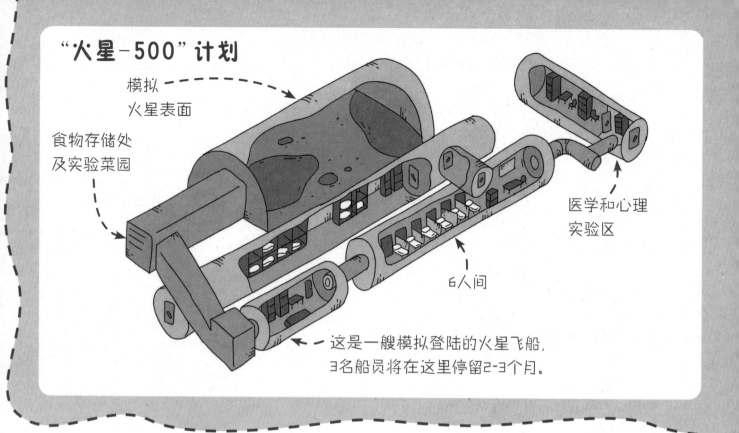

"火星-500"计划

模拟
火星表面

食物存储处
及实验菜园

医学和心理
实验区

6人间

这是一艘模拟登陆的火星飞船,
3名船员将在这里停留2~3个月。

20分钟,所以一去一回一共需要40分钟。总不能让他一直干
等呀。"

"哇,这样一段对话得花上一整天了。"

"这里一定有个特殊的地方——火星菜园!"

"菜园?爸爸,为什么要有菜园?"

"宇航员要保持健康,就需要菜园。他们带了一些食
物,但还必须要有补给,而且比起总是吃罐头,吃根脆黄瓜
会更舒服。"

"蔬菜能在火星上生长吗?"

"是的。地球上的植物可以在火星土壤上生长,但想
做到这一点的话,你必须认真工作。火星上没有水,由于辐
射,植物可能无法食用。"

"爸爸，看，宇航员搬着一箱绿色的嫩芽。"

"他举得真辛苦！箱子虽然看起来很小，但可能很重……等等，切沃奇卡。有点不对劲。"

"什么事呀，爸爸？"

"火星上的重力是地球重力的38%。"

"这么说，像这样的箱子，宇航员本该毫不费力地搬起来。"

"没错，我们真的在火星上吗？我要检查一下时光机……啊，我们不在火星上。时光机把我们带到了莫斯科的地面实验中心。"

"什么，我们还没有从地球上飞走吗？那火星沙漠、有菜园的空间站和穿着宇航服的宇航员是怎么回事呢？"

"原来我们在这里，参加从2010年6月3日开始的，名为'火星-500'的试验。科学家们设计了一个封闭的实验舱，参与者实验期间不能离开。在实验过程中，他们模拟了飞往火星、在火星上停留和返回地球的情形。六名志愿者在隔离中度过了520天，直到2011年11月4日才离开。"

"天哪，一切都像真的那样！我还以为我们就在火星上！"

"我也是，但我们不应该感到沮丧，因为你我已经成功地体验了一次真正的火星实验。现在，该回家了。"

"爸爸，让我把时光机关掉吧。哦，怎么回事？时光飞逝！我们又被带到太、太、太空去了！"

"坚持住，切沃奇卡，显然，时光机要给我们展示一些特别的东西了！"

小任务

你已经在火星上生活了几年，从地球上运来的食物供应即将消耗殆尽，是时候建立自己的菜园了。幸好，你有一些妈妈拿来煮汤的绿色豌豆（如果没有，请去买一包）。将一把豌豆放在盘子里，装点儿水，一两天后豌豆就会裂开，还会长出根来！如果你把它们种在土里，大约一周后就能拥有新鲜的豌豆芽啦。

"旅行者"兄弟

星际飞行

"我们在太空中！这儿真黑暗啊。太阳在哪里呀？"

"看见那边那颗明亮的星星了吗？那就是太阳！"

"为什么太阳这么小？"

"因为我们处在太阳系的边缘，比所有的行星都要远。"

"爸爸，你看！有东西朝我们飞来！"

"这是旅行者1号飞船。1977年，它和旅行者2号先后踏上了太空之旅。如今它们已经在太空飞行40多年了，飞行了220多亿千米！它们探索了四颗巨行星，穿越了日球层，飞出了太阳风的范围。"

"旅行者号飞得快吗？"

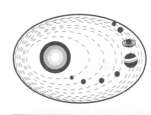

日球层

日球层是由来自太阳的太阳风形成的长长的气泡，包裹了整个太阳系。

巨行星：木星、土星、大土星和海王星。

67

"它的速度是6万千米/小时，非常快！打个比方，可以在8分钟内从俄罗斯飞到美国。"

"爸爸，连续40年以这样的速度飞行，需要多少燃料？"

"科学家原以为只能飞5年，但核电池至今仍在为飞行提供能量，只是越来越少了。"

"那其他仪器已经不工作了吗？"

"是的，很多为了节约电能而关掉了，包括相机。我们收到的最后一张照片是1990年2月拍摄的，当时旅行者1号距离地球60亿千米。"

"那地球看起来像个小蓝点了。"

"你说得对，这张著名的照片被称为'暗淡蓝点'。"

"爸爸，旅行者号发现外星人了吗？"

"没有，切沃奇卡。但为了和其他形式的生命交流，

'旅行者'带去了一些信息。"

"哇！什么信息？"

"是一张存有图片和声音信息的金唱片，录下了地球上包括古代语言在内的55种语言的问候语。"

"有俄语吗？"

"是的。听起来是这样的：'您好，欢迎！'还有来自地球的各种声音：人的声音、海洋的声音、鸟的歌唱、斧头的敲击声、婴儿的啼哭——哦，还有狗的叫声。里面还有一百多张图片，包括自然和人类的照片、人体解剖图，以及DNA分子结构。你知道什么是最重要的吗？"

"是什么？"

"多亏了'旅行者'，我们人类将计划在未来前往最近的恒星系统——半人马座阿尔法星。"

"爸爸，未来真是太神奇了！"

"而现在，切沃奇卡，同样令人惊讶！现在让我们回家吧，让我们关闭时光机。"

小任务

也许，星际旅行未来会是人们的家常便饭。每一个想要去太空的人，都必须做好身体准备。从今天开始训练吧！回想一下你所知道的运动，向爸爸妈妈请教，为成为宇航员准备一系列训练计划。请做一个时间表，每天都记录你是否完成了任务。

咱们到家了！

"我们回家了，还是家里好哇！"

"切沃奇卡，你喜欢我们的旅行吗？"

"当然！我学到了太多关于太空的东西！关于第一颗卫星的，关于尤里·加加林，关于空间站和火箭，月球和火星，还有'旅行者'……甚至到达了太阳系的边缘！"

"从很久以前起，人们就崇拜宇宙，观察星空，研究恒星和行星运动。20世纪，我们第一次离开地球，以旁观者的角度观察我们的星球。现在，人们甚至有了自己的宇宙家园。但在太空中还有很多未知的东西，科学家们会继续研究！比如，他们发明了一种令人惊叹的宇宙飞船，它不再需要大量燃料在太空中飞行，而是利用太阳光的能量，由太阳帆驱动。"

"太好了！这就是说，未来还有其他的恒星系统、新的宇宙飞船和新的冒险在等着我们呢！"

亲爱的小读者，这趟旅程是不是令人难忘？不管是太空第一人加加林，还是后来的世界各国的宇航员，都经过了严格的选拔和艰苦的训练。从现在开始努力学习，坚持锻炼身体，说不定有一天你也能成为宇航员，还能在轨道空间站工作呢！加油吧！

《好奇宝宝和博学爸爸》
第二辑

《飞机与航空》

《汽车与交通》

《船舶与航海》

《回到石器时代》

《认识机器人》

《太空飞行》

图书在版编目（CIP）数据

太空飞行 / （俄罗斯）伊莲娜·卡丘尔著；胡一钗

译 . — 武汉 : 长江少年儿童出版社 , 2022.12

（好奇宝宝和博学爸爸）

ISBN 978-7-5721-3457-9

Ⅰ . ①太… Ⅱ . ①伊… ②胡… Ⅲ . ①航天器 – 儿童

读物 Ⅳ . ① V47-49

中国版本图书馆 CIP 数据核字 (2022) 第 127486 号

太空飞行
好奇宝宝和博学爸爸

总策划：蓝欣　**执行策划**：龚迪阳　**责任编辑**：龚迪阳　**美术编辑**：危雨轩　**责任校对**：邓晓素

出版发行：长江少年儿童出版社　　　**业务电话**：027-87679199

印刷：湖北嘉仑文化发展有限公司　　**责任印制**：邱刚

经销：新华书店湖北发行所

规格：889 毫米 ×1194 毫米　1/16　**印张**：5

字数：20 千字

书号：ISBN 978-7-5721-3457-9

版次：2022 年 12 月第一版　2022 年 12 月第一次印刷

印数：1-10000

定价：30.00 元

本书如有印装质量问题，可向承印厂调换。

《好奇宝宝和博学爸爸》
第一辑 7 本已出版